BEI GRIN MACHT SICH IHR WISSEN BEZAHLT

- Wir veröffentlichen Ihre Hausarbeit, Bachelor- und Masterarbeit

- Ihr eigenes eBook und Buch - weltweit in allen wichtigen Shops

- Verdienen Sie an jedem Verkauf

Jetzt bei www.GRIN.com hochladen und kostenlos publizieren

Impressum:

Copyright © 2017 GRIN Verlag
Druck und Bindung: Books on Demand GmbH, Norderstedt Germany
ISBN: 9783668766013

Dieses Buch bei GRIN:

https://www.grin.com/document/436023

Philipp Wohlmuth

Mimese und Mimikry als Selektionsfaktoren im Tierreich

GRIN Verlag

Marie-Therese-Gymnasium Erlangen
Sprachliches Gymnasium
Naturwissenschaftlich-technologisches Gymnasium

Abiturjahrgang 2018

Seminararbeit

Rahmenthema des wissenschaftspropädeutischen Seminars:

Die Entstehung des Lebens auf der Erde
- Aspekte der Evolutionsforschung

Leitfach: Biologie

Thema der Arbeit:

„Survival of the fittest"-
Mimese und Mimikry als Selektionsfaktor

Verfasser: Philipp Wohlmuth

Abgabe am 7. November 2017

<u>Inhaltsverzeichnis:</u>

1. <u>Die Veränderung der Population von Birkenspanner durch die Industrialisierung</u>

Der Birkenspanner (lat. Biston betularia[1]), ein nachtaktiver Falter, der sich am Tag meist auf Birken oder ähnlichen Bäumen aufhält, war ein sehr wichtiger Beweis für die Selektionstheorie und vor allem für die Bedeutung von Tarnung im Tierreich. Neben dem hellen und gemusterten und somit an den Bäumen gut getarnten Birkenspanner (lat. B.b typica) gibt es eine Mutation des Falters, der durch den Farbstoff Melanin einfarbig dunkel gefärbt ist (lat. B.b carbonaria). Diese Falter traten jedoch nur in sehr geringen Menge auf, da sie durch die dunkle Farbe vor den hellen Birken deutlich herausstachen und somit häufiger Opfer von Fressfeinden wurden.[2]

Ende des 19. Jahrhunderts, zu Beginn der Industrialisierung, änderte sich das Verhältnis der Anzahl der beiden Birkenspanner Varianten innerhalb kürzester Zeit stark, da die Rußablagerungen der zahlreichen Fabriken die Birken schwarz färbten und somit die weißen Birkenspanner nicht mehr so gut getarnt waren und ihre Überlebenschancen stark verkleinert wurden. Die schwarzen Exemplare konnten jetzt auf den Bäumen kaum noch erkannt werden und hatten nun den Selektionsvorteil, den vorher die weißen Birkenspanner hatten. Sie konnten somit ihre Anzahl extrem vermehren. Bei Messungen in Manchester um 1895 machten sie etwa 95-98% der Gesamtpopulation aus.[2,3] Diese Entwicklung wurde später unter dem Namen Industriemelanismus sehr bekannt und dient als klassisches Beispiel für die Selektionstheorie. Auch wenn sich die dunkle Form durch den Rückgang der Schadstoffbelastung nicht durchsetzen konnte, kann an diesem Beispiel verdeutlicht werden, dass Tarnung (Mimese), sowie Warnung und Mimikry im Tierreich sehr nützlich sind, um einen Selektionsvorteil zu erlangen und dadurch die Überlebenschancen zu erhöhen.[2]

Im Folgenden möchte ich daher Mimese und Mimikry genauer erläutern, indem ich auf die Entstehung, die unterschiedlichen Formen und den daraus resultierenden Selektionsvorteil eingehe. Zum Schluss werde ich Mimikry beim Menschen näher betrachten.

---

[1] Im Folgenden B.b
[2] Vgl. D. Lohmann 2013 S.104f.
[3] Vgl. K. Lunau 2011 S.124f.

2. Mimese und Mimikry als Selektionsfaktor

2.1 Tarnung als Überlebensstrategie: Mimese

Unter Mimese versteht man die Tarnung von Tieren vor ihren Fressfeinden „durch Nachahmung belebter oder unbelebter Gegenstände, die für den zu täuschenden Feind uninteressant sind. Der Körper oder einzelne Organe werden in Form und Farbe dem nachgeahmten Objekt angepasst, wodurch das Tier nicht als solches erkannt wird."[4] Man unterscheidet zwischen Zoomimese, Phytomimese und Allomimese.[5]

2.1.1 Zoomimese: Übereinstimmung mit einem anderen Tier

Bei der Zoomimese ähnelt sich das Erscheinungsbild anderen Tieren, um für Fressfeinde uninteressant zu werden oder unbemerkt in deren Nestern leben zu können. Das bekannteste Beispiel sind die Ameisengäste (lat. Myrmekophilie). Diese leben in den Nestern von Ameisen und fallen dabei nicht auf, da sie sich im Äußeren stark ähneln. Dabei stehlen sie den Ameisen weder Essen, noch lassen sie die Ameisen ihre Eier bewachen, sie leben ausschließlich in den Nestern, deshalb kann man hier von Mimese und nicht von Mimikry sprechen.

Ein bekannter Sonderfall sind die Seeigelfische, die, wie der Taucher Hands Fricke entdeckte, sich als Seeigel tarnen, um für Raubfische uninteressant zu werden. Dabei rücken diese auf einem Seeigel extrem dicht zusammen, sodass eine kompakte Gesamtform entsteht, die dem Äußeren eines normalen Seeigels, auch wegen der gleichen Farbe, verblüffend ähnlich sieht. Hier handelt es sich um einen Sonderfall, da sich die Tiere als Gruppe tarnen; es liegt also eine kollektive Tarnung vor.[6] Ein weiteres Beispiel für die Zoomimese sind verschiedene Insekten, die Ameisen nachahmen, wie die Ameisengrille, die nicht nur die Form und Farbe von Ameisen nachahmt, sondern auch den Geruch dieser annehmen kann.[7]

---

[4] Brockhaus Enzyklopädie 1991[19], 14. Band S. 617, s.v. Mimese
[5] Vgl. Brockhaus Enzyklopädie 1991[19], 14. Band S. 617, s.v. Mimese
[6] Vgl. H. Zebka 1990 S.70f
[7] Vgl. http://www.naturdetektive.de/natdet_tarnung_mimikry.html

<u>2.1.2 Phytomimese: Ähnlichkeit mit</u>

<u>Pflanzen oder ihren Teilen</u>

Viele Tiere tarnen sich als Pflanzen bzw. als Pflanzenteile, um dadurch von Feinden unerkannt zu bleiben und somit ihre Überlebenschancen zu erhöhen.

Auf dem Bild sieht man das wohl bekannteste Beispiel für die Phytomimese: Eine Gespenstschrecke der Familie der *Wandelnden Blätter* (lat. Phylliidae). In diesem Fall spricht man auch von Blattmimese. Da sich kein

Abbildung 1: Wandelndes Blatt

fleischfressendes Tier für Blätter interessiert und blattfressende Tiere dagegen nach dem ersten Kontakt mit einer Gespenstschrecke diese nicht mehr angreifen werden, da diese keine Insekten fressen, können diese ihre Überlebenschancen drastisch erhöhen. Durch die natürliche Auslese konnten sich die Tiere immer exakter an ihre Umwelt anpassen, da immer nur die am besten getarnten Exemplare überleben konnten. Bei den *Wandelnden Blättern* sind nicht nur Form und Farbe blattähnlich, sondern es werden auch einige Details wie Blattnerven ausgebildet, wodurch die Nachahmung nahezu perfekt ist. Dabei ist es ausgesprochen wichtig, dass sich die Tiere auch wie Blätter verhalten.[8,9,10]

Es gibt noch viele weitere Beispiele für Phytomimese, wie die Stabschrecken (lat. Carausius morosus), jedoch sind die *Wandelnden Blätter* die wohl am besten angepassten und dadurch auch bekanntesten Exemplare.

<u>2.1.3 Allomimese: Tarnung als unbelebter Gegenstand</u>

Da Steine sowohl für Pflanzen- als auch Fleischfresser uninteressant sind, ahmen einige Tiere diese nach, um ihr Überleben zu sichern. Am bekanntesten sind die in der Kalahari vorkommenden *Lebenden Steine*.

---

⁸ Vgl. H. Zebka 1990 S.65
⁹ Vgl. K. Lunau 2011 S.125
¹⁰ Vgl. http://www.scinexx.de/dossier-detail-189-6.html

5

Abbildung 2: Lebende Steine

Diese Pflanze, der Gattung Lithops, tarnt sich als Stein und ist durch ihre runde Form und graugrüne bis rotbraunen Farbe, die immer dem Untergrund entspricht, sehr gut vor möglichen Fressfeinden getarnt, so dass sie eine sehr hohe Überlebenschance hat. Da die Pflanze meist in größeren Steinfeldern lebt, fällt sie beim groben Überschauen nicht auf. Nur wenn man explizit nach ihr sucht, kann man Unterschiede zu echten Steinen feststellen.[11]

Ein weiteres Beispiel wäre der Steinbutt, der zur Ordnung der Plattfische gehört. Plattfische schwimmen seitlich, knapp über dem Meeresgrund, sodass sie schwer zu entdecken sind. Die Augen eines Steinbuttes liegen beide auf der linken Körperflanke. Die Unterseite des Fisches ist weiß, während die schuppenlose Oberseite sich an die Umgebung anpasst. Dadurch ist der Steinbutt kaum von dem darunter liegenden Boden abzugrenzen. Dazu ist die Oberseite mit herausstehenden Knochenhöckern versehen, die wie kleine Steine aussehen. Durch dieses Merkmal hat der Steinbutt auch seinen Namen erhalten.[12]

---

[11] Vgl. H. Zebka 1990 S.66 f.

[12] Vgl. http://www.tiere-online.de/fische/fischarten/fische-in-der-freien-natur/
salzwasserfische/steinbutt

2.2 Täuschen im Tierreich: Mimikry

Unter Mimikry versteht man, dass eine harmlose Art die Gestalt, die Farbe oder auch die Bewegung einer giftigen, ungenießbaren oder wehrhaften Art nachahmt oder dass mehrere wehrhafte Tiere eine ähnliche Musterung aufweisen. Dadurch können Fressfeinde getäuscht und abgeschreckt werden, sodass die Tiere wiederum ihre Überlebenschancen steigern können. Es gibt viele verschiedene Formen der Mimikry; auf die bekanntesten werde ich im Folgenden eingehen und diese erläutern.[13]

Jedes Mimikrysystem besteht aus mindestens zwei Signalsendern und einem Signalempfänger. Die Signalsender unterscheiden sich in Vorbild und Nachahmer.[14]

2.2.1 Der Anfang: Bates'sche Mimikry

Der englische Naturforscher Henry Walter Bates ging 1859 auf eine elfjährige Forschungsreise in die tropischen Regenwälder Brasiliens. Dabei entdeckte er zwei nicht verwandte Schmetterlinge, die sich jedoch bis ins Detail glichen. Durch Untersuchungen der Schmetterlinge stellte er fest, dass eine Familie der Schmetterlinge (lat. Heliconidae) giftig war, sodass sie von Vögeln und anderen Fressfeinden gemieden wurden; die andere dagegen war vollkommen harmlos (lat. Pieridae). Daraus schloss Bates, dass der harmlose Schmetterling den giftigen Schmetterling nachahmt, um von dessen Wehrhaftigkeit zu profitieren und dadurch ebenfalls von Fressfeinden gemieden zu werden. Damit dieses Mimikrysystem jedoch funktioniert, ist es wichtig, dass die giftige Art in diesem Lebensraum in Überzahl ist, damit die Vögel häufiger zuerst einen giftigen Schmetterling fressen und dadurch diese zukünftig meiden.[15,16] Einen 100-prozentigen Schutz können die Tiere nie erlangen, da es immer Fressfeinde gibt oder geben wird, die auch die giftige Art nicht meiden, so dass dann auch der Nachahmer häufig gefressen wird. In Abbildung 3 werden diese Schmetterlinge verglichen. Jeweils die 1. und die 3. Reihe, sowie die 2. und 4. Reihe stellen eine Familie dar.

---

[13] Vgl. Brockhaus Enzyklopädie 1991[19], 14. Band S. 618, s.v. Mimikry
[14] Vgl. K. Lunau 2011 S.11 f
[15] Vgl. K. Lunau 2011 S.14 f
[16] Vgl. D. Lohmann 2013 S.106 f

Abbildung 3: Vergleich zweier Schmetterlingsarten (Peridae und die giftige Heliconiden)

Ein weiteres sehr bekanntes Beispiel in unserem Lebensraum ist die Wespe und ihre fast 300 Nachahmer in Mittel- und Westeuropa, wie zum Beispiel die Schwebefliege. Dies kann man auch am Menschen sehr gut feststellen. Durch eine schlechte Erfahrung mit einer Wespe haben die meisten Menschen sofort panische Angst, wenn ein schwarz-gelb gestreiftes Insekt in der Nähe ist. Diese Nachahmer profitieren also von der Wehrhaftigkeit von Wespen und der typischen Angst der Menschen.[17]

2.2.2 Peckham'sche oder Aggressive Mimikry als Jagdstrategie

Im Gegensatz zur Bates'schen Mimikry reagiert der Signalempfänger in diesem Fall nicht mit Vermeidung, sondern mit Hinwendung. 1889 entdeckte Elizabeth G. Peckham dieses Mimikrysystem bei ameisenimitierenden Spinnen. Der Begriff Angriffsmimikry wird dann verwendet, wenn das angelockte Tier vom Nachahmer angegriffen wird.[18]

Einige Springspinnen (lat. Salticidae) betreiben Ameisenmimikry, wie die Ameisenspringspinne (lat. Myrmarachne formicaria). Ihre Körperproportionen ähneln stark denen einer Ameise. Der Vorderkörper täuscht durch eine Einschnürung den ameisentypischen Aufbau in Kopf und Thorax vor. Durch

---

[17] Vgl. D. Lohmann 2013 S.106 f.
[18] Vgl. K. Lunau 2011 S.18

das Erheben des vorderen Beinpaares der Spinne wirkt es, als hätte sie ebenfalls Fühler. Des Weiteren stimmen auch die Färbung und die Haarlosigkeit mit den Ameisen überein.[19]

Der Forscher Malcolm Edmunds entdeckte 1993, als er die Beute von Spinnenwespen, die vor allem Springspinnen jagten, untersuchte, dass die Ameisenspringspinne durch ihre sehr detaillierte Imitation kaum von diesen als Springspinne erkannt wird und somit ihre Überlebenschancen gegenüber den anderen Springspinnen deutlich erhöhen konnte.

Ein Beispiel für aggressive Mimikry ist eine in Südamerika heimische Spinne, die ebenfalls Ameisen imitiert und sich hauptsächlich von diesen ernährt. Durch ihre nahezu perfekte Nachahmung kann sie unbemerkt in die Nähe der Ameisen kommen, diese jagen und schließlich aussaugen, wobei sie die Ameise über sich hält, um vorzutäuschen, dass sie die tote Ameise transportiert.[20]

2.2.3 Mertensche Mimikry: Die Mitte macht's

Eine weitere Mimikry Variante wurde 1959 von dem Reptil Forscher Robert Mertens nach langen Diskussionen endgültig aufgeklärt. In den tropischen und subtropischen Regionen Amerikas leben 75 verschiedene Arten von Korallenschlangen. Diese haben ein für sie typisches rot-gelb-schwarzes Ringmuster. Jedoch sind nicht alle Korallenschlangen giftig. Neben extrem giftigen und weniger giftigen Exemplaren gibt es auch vollkommen ungiftige Korallenschlangen. Lange Zeit ging man von Bates´scher Mimikry aus: Die ungiftigen Schlangen kopieren die Warntracht der giftigen, um deren Wehrhaftigkeit zu benutzen, um ihre Überlebenschancen zu vergrößern. Jedoch sind die giftigen Schlangen so giftig, dass ein gebissenes Tier mit sehr hoher Wahrscheinlichkeit stirbt. Das heißt, dass die Tiere nicht aus einem Biss lernen können und die Schlange danach meiden. Nach Mertens sind also die weniger giftigen Schlangen das Vorbild, da Tiere nur von deren Biss lernen konnten. Sowohl die hochgiftige als auch die harmlose Korallenschlange sind folglich Nachahmer. Die harmlose Schlange kann dadurch,

---

[19] Vgl. K. Lunau 2011 S.18
[20] Vgl. K. Lunau 2011 S.18

nach dem Prinzip der Bates´schen Mimikry, die Wehrhaftigkeit ihres Vorbilds ausnutzen und ihre Überlebenschancen erhöhen. Die hochgiftige Schlange kann so näher an ihre Beute herankommen, da diese vor der weniger giftigen Schlange nicht sofort flüchtet, wodurch die Jagd deutlich erleichtert wird.

Mertensche Mimikry bezeichnet also eine Mimikry Variante, bei der nicht das gefährlichste Tier, sondern ein dezent wehrhaftes Tier das Vorbild ist.[21]

Abbildung 4: Korallenschlange mit typischem rot-gelb-schwarzem Ringmuster

2.2.4 Signalnormierung oder Müller'sche Mimikry

Der Tierforscher Fritz Müller unternahm 1878 eine Forschungsreise nach Brasilien, wie Henry Bates einige Jahre zuvor. Dabei entdeckt er zwei nicht verwandte, ungenießbare Schmetterlingsarten mit hoher Ähnlichkeit. Das heißt, es kommt nicht wie bei den von Bates untersuchten Schmetterlingen zu einer Signalfälschung, bei der ein Nachahmer von der Wehrhaftigkeit seines Vorbilds profitiert. Nach langen Überlegungen kam Müller schließlich auf eine Lösung: Die wehrhaften Schmetterlinge haben die gleiche Warntracht entwickelt, um die gesamt Zahl der Opfer zu reduzieren. Da Fressfeinde erst durch eine schlechte Erfahrung mit einem ungenießbaren Schmetterling lernen können, müssen sie mindestens einmal einen Schmetterling fressen. Durch die hohe Ähnlichkeit der beiden Arten kann dieser die beiden nicht unterscheiden, wodurch er denkt, sie gehören der gleichen Art an und meidet somit beide Schmetterlingsarten. Dadurch kann auf beiden Seiten die Zahl der Opfer vermindert werden und die Anzahl der Opfer beider Seiten kann auf gleichem Niveau gehalten werden. Deswegen

---

[21] Vgl. D. Lohmann 2013 S.112 f.

spricht man häufig nicht von Mimikry, sondern lediglich von Signalnormierung.[22]

Doch später wurden Müllers Ergebnisse durch den Forscher Speed widerlegt. Dieser stellte durch theoretische Überlegungen fest, dass die Opfer einer Art dennoch höher sein müssten, da die Schmetterlinge nicht gleichermaßen ungenießbar sind. Der Fressfeind erlernt für Notzeiten, die eher genießbare Art von der giftigeren zu unterscheiden. „Wenn giftige Inhaltsstoffe zweier ähnlichen Arten nicht additive, sondern synergistische Wirkungen entfalten, profitiert der Räuber, wenn er sich auf eine Beuteart beschränkt, selbst wenn beide Arten für sich gleichermaßen ungenießbar sind. Unter diesen Umständen werden beide giftigen und mit Warnfarben ausgestatteten Arten gleichermaßen zu Vorbild und Nachahmer."[23]

2.2.5 Spezialmimikry: Optische, chemische und akustische Mimikry

Nun will ich noch auf einige Spezialformen von Mimikry eingehen: Die meisten Mimikry Varianten beruhen auf optischen Signalfälschungen. So auch bei der in den Korallenriffen Indonesiens lebenden Tintenfischart. Diese Oktopusse können sich, wenn sich gefährliche Feinde nähern, in verschiedene giftige Tierarten verwandeln und somit den Räuber abschrecken. Dabei kann sich jedes Exemplar je nach Situation in verschiedenste Tiere verwandeln.[24] Ob „Seeschlangen, Rotfeuerfische oder Plattfische wie Seezungen, dem Einfallsreichtum und den Verwandlungskünsten der Tintenfische scheinen kaum Grenzen gesetzt."[25] Diese Mimikry Art gilt laut Mark Norman, dem Leiter der University of Melbourne, als eine biologische Sensation, da bis heute nur dieser Fall von Tieren, die mehrerer Vorbilder nachahmen können, bekannt ist.[26]

Die folgende Abbildung zeigt den oben beschriebenen Oktopus. Links kann man den normalen Kraken sehen, in der Mitte getarnt als Feuerfisch und rechts oben verwandelt in einen Plattfisch. Darunter zum Vergleich ein Bild von einem echten Plattfisch.

---

[22] Vgl. D. Lohmann 2013 S.111 f.
[23] K. Lunau 2011 S.17 Z. 28-35
[24] D. Lohmann 2013 S.113 Z.29
[25] D. Lohmann 2013 S.113 Z.30-33
[26] Vgl. D. Lohmann 2013 S.113 f.

Abbildung 5: Oktopus in verschiedenen Verwandlungen und Vergleich zu einem Plattfisch

Neben den optischen Signalfälschungen gibt es auch chemische Mimikry, wie sie beispielsweise die Blattlausschlupfwespen betreiben. Diese profitieren von dem symbiotischen Zusammenleben von Blattläusen und Ameisen. Die Blattläuse geben den Ameisen einen kohlenhydratreichen Saft (Honigtau), der aus ihrem Afterbereich abgesondert wird. Dafür erhalten die Blattläuse Schutz vor ihren Fressfeinden wie zum Beispiel Käfern. Die Blattlausschlupfwespen nutzen diese Symbiose aus, indem sie durch chemische Mimikry das Abwehrsystem der Ameisen täuschen. Sie „ahmen das molekulare Erkennungsmuster der Blattläuse nach, das aus bestimmten Kohlenwasserstoffen auf der Kutikula besteht."[27] Dadurch können sie zu den Blattlauskolonien gelangen und ihre Eier in diesen ablegen.[28]

Zuletzt möchte ich noch auf ein Beispiel für akustische Mimikry eingehen. Meisen, ein in Mitteleuropa heimischer Vogel, schützt sich und seine Nachkommen, indem sie das Zischen von Schlangen nachahmen, wenn sich ein Feind ihnen oder ihrem Nest nähert.[29]

3. Evolution bei Nachahmern und Fressfeinden und Nachweis für Mimese und Mimikry

Diese Tarnungen und Täuschungen wurden natürlich nicht von heute auf morgen bis ins feinste Detail perfektioniert. Wie Darwin schon in seiner Evolutionstheorie feststellte, stehen Lebewesen in einem Wettbewerb(„struggle for life"). Dabei haben die am besten angepassten Individuen eine höhere Chance diesen zu überleben („survival of the fittest") und können dadurch

---

[27] D. Lohmann 2013 S.114 Z. 24-25
[28] Vgl. D. Lohmann 2013 S.113 f.
[29] Vgl. D. Lohmann 2013 S.114

ihre Fortpflanzungschance erhöhen, sodass die Tiere, die am besten getarnt sind, eher Nachkommen zeugen können als schlechter getarnte Exemplare. Dies führte dazu, dass durch die natürliche Selektion die schlechter angepassten Tiere langsam ausstarben, Tarnungen und Täuschungen immer besser wurden und über einen langen Zeitraum in dieser Perfektion endeten. Da die Evolution nie endet, wird die Tarnung immer besser und detaillierter, da die am besten angepassten Genotypen selektiert werden und folglich die unterschiedlichen Arten kaum noch auseinander gehalten werden können und immer weitere Mimikrysysteme entdeckt werden.

Aber auch bei vielen Fressfeinden sind Veränderungen zu beobachten. Bei einigen Mimikry Arten, bei der ein harmloses Tier ein Wehrhaftes nachahmt und dadurch von deren Wehrhaftigkeit profitiert, muss der Fressfeind zuerst ein wehrhaftes Tier fressen, damit er feststellen kann, dass er dieses nicht verträgt. Aus dieser Erfahrung kann der Feind lernen und wird in Zukunft das wehrhafte und das harmlose Tier meiden, da er diese nicht voneinander unterscheiden kann. Dadurch muss sich der Fressfeind eine neue Beute suchen oder einen anderen Lebensraum, der ihm mehr Nahrung bietet, aufsuchen bzw. eine ökologische Nische besetzen. Anhand von Experimenten, die in dem Buch *„Warn- und Tarntrachten im Tierreich"* von Herbert Bruns beschrieben werden, möchte ich im Folgenden das Lernvermögen der Feinde analysieren.

In seinem Buch erläutert er eine große Zahl verschiedener Experimente. Das erste, auf das ich eingehen will, sind Mageninhaltsuntersuchungen bei Vögeln, die von Mc Atee durchgeführt wurden. Dabei konnte festgestellt werden, dass Vögel eine Nahrungswahl treffen und dabei einige Insekten, häufig mit Warntracht, gar nicht oder nur selten verzehrt werden.[30] Daraus schließe ich, dass die Vögel entweder aufgrund eines schlechten Erlebnisses mit diesem Insekt diese und ihre möglichen Nachahmer meiden oder von vornherein von ihrer Warntracht abgeschreckt worden sind.

Des Weiteren werden zahlreiche Versuche über die Wirksamkeit von Schutzfärbungen beschrieben. Dabei fällt auf, dass die getarnten Tiere deutlich seltener gefressen werden, als die nicht getarnten. Dies liegt

---

[30] Vgl. H. Bruns 1952 S.45 f.

schlichtweg daran, dass die Fressfeinde diese einfach nicht so oft entdecken.[31] Dabei spielte auch das Verhalten der Tiere eine große Rolle. In einem Versuch von F. Steiniger, der rinden- und flechtenartige Spinnen auf einfarbige Tischplatten sowie Rindenstücke setzte, wird deutlich wie wichtig das richtige Verhalten ist. Die Spinnen, die auf der Tischplatte waren, wurden sofort gefressen, da sie nicht getarnt waren. Ebenso die Spinnen, die zwar auf der Rinde gut getarnt waren, aber stets darauf herumliefen. Nur die Spinnen, die gut getarnt und ruhig auf der Rinde saßen, wurden nicht gefressen.[32]

Bei einem weiteren Versuch wurden die Raupen eines Wolfmichschwärmers grün angemalt. Normalerweise werden die grellen Raupen von Hühnern gemieden, nun fraßen diese die Raupen. Jedoch nur einmal, denn darauf hin mieden die Hühner jegliche grüne Raupenarten.[33] Die Hühner haben also erst beim Verzehr gemerkt, dass die Raupe ungenießbar ist und haben aus diesem schlechten Erlebnis gelernt, sodass sie diese ab jetzt mieden. Dabei haben sie jedoch alle grünen Raupen verschmäht, da sie diese nicht voneinander unterscheiden konnten und sie somit alle für ungenießbar hielten.

Es bleiben jedoch viele Fragen offen, wie zum Beispiel nach welchen Faktoren die Fressfeinde ihre Nahrung auswählen. Vielleicht haben einige Tiere eine Rot-Grün-Schwäche, wodurch sie beispielsweise ein grünes Insekt nicht von einem roten unterscheiden können. Oder manche Tiere könnten, wie der Mensch, eine Vorliebe für eine Farbe haben, sodass sie zuerst Beute auf diesem Untergrund suchen, ehe sie auch andere Untergründe absuchen würden.[34]

Eine weitere Frage wäre, wie oft Jungtiere ein ungenießbares Tier fressen, bevor sie lernen, diese zu meiden und anhand welcher Merkmale sie sich die Tiere einprägen und über welchen Zeitraum sie ihre Erkenntnis behalten.

Abgesehen davon kann man die Wirkung von Warn- und Tarntrachten bezweifeln, da nicht alle Tiere nur optisch jagen. Der Baumläufer beispiels-

---

[31] Vgl. H. Bruns 1952 S. 47
[32] Vgl. H. Bruns 1952 S. 50 f.
[33] Vgl. H. Bruns 1952 S.52
[34] Vgl. H. Bruns 1952 S. 62

weise, tastet mit seinem Schnabel Flächen ab und sucht dabei nach verborgenen Insekten. Ein weiteres Beispiel sind die Fledermäuse. Diese jagen vor allem im Dunklen und orientieren sich an dem Echo ihrer eigenen akustischen Signalen.[35] Anhand dieser Beispiele kann man erkennen, dass das Prinzip der Mimese und Mimikry nicht immer funktioniert, wobei man dennoch davon ausgehen kann, dass die Tiere dadurch ihre Überlebenschancen erhöhen können.

4. Mimikry beim Menschen

Zum Schluss möchte ich, nachdem ich die verschiedensten Arten von Tarnung und Warnung bei vielen Tieren erläutert habe, auf Mimikry beim Menschen eingehen. Auch beim Menschen wird häufig getäuscht und getrickst. Zum Beispiel falsche Zähne, aufgemalte Augenbrauen oder zahlreiche Tricks in der Werbung.

Bei vielen Menschen kann beobachtet werden, dass sie während einer Konversation die Gesichtsausdrücke und Körperhaltung des Gegenübers imitieren. Diese Gesichtsmimikry (facial mimicry) soll bei dem Gesprächspartner Sympathie erwecken und die Kommunikation erleichtern.[36] Um den Menschen zu täuschen werden oft dessen Triebe ausgenutzt, wie bei einer Werbung die Schönheit eines Models beim Klamottenkauf, da man denken könnte, wenn man das Produkt kauft, könne man dadurch ein ähnlich attraktives äußeres Erscheinungsbild erreichen. Außerdem werden Assoziationen im menschlichen Gehirn durch absichtlich gewählte Bilder herbeigeführt und ausgenutzt. Viele Menschen täuschen sich auch selber; dabei sind sie Signalsender als auch Signalempfänger, was eine besondere Form der Täuschung darstellt: Wenn man beispielsweise das Trikot seines Lieblingsfußballspieler anzieht, täuscht man vor, dass man ähnliche sportliche Leistungen erbringen könnte und versucht dadurch seinen Idolen näher zu kommen um seine eigene Wertschätzung und Selbstbewusstsein zu steigern. Bei Menschen führt Mimikry nicht zu einer erhöhten Überlebenschance oder einer höheren Wahrscheinlichkeit der Fortpflanzung, um dadurch

---

[35] Vgl. http://www.spiegel.de/wissenschaft/natur/koordination-durch-signale-fledermaeuse-jagen-in-der-gruppe-a-623012.html
[36] Vgl. K. Lunau 2011 S.131 f.

seine Art zu erhalten. Des Weiteren kann man hier nicht von Evolution sprechen, da diese Charaktereigenschaften von jedem Menschen individuell
ausgebildet werden und diese nicht durch Fortpflanzung und natürlicher
Auslese weiterentwickelt werden.[37]
Folglich kann man auch in der Verhaltensweise und dem Äußeren eines
Menschen Täuschungen erkennen. Zwar nicht so exakt und faszinierend
wie bei den verschiedensten Tieren, aber dennoch lässt sich erkennen,
welch ungeahnt große Rolle Mimikry in der Welt der Lebewesen spielt.

---

[37] Vgl. K. Lunau 2011 S.135

5. Anhang

5.1 Literaturverzeichnis

Brockhaus Enzyklopädie in 24 Bänden. Mannheim 1991[19]. Band 14, S.617-618, s.v. Mimese; Mimikry.

Bruns, Herbert: Warn- und Tarntrachten im Tierreich. Stuttgart 1952.

Gerhardt-Dircksen, Almut; Sauer, Klaus: Teauschblumen und Coevolution. In: Praxis der Naturwissenschaften. Biologie. [Vol.38(7) 1989] S.1-9.

Heiketinger, Franz: Das Rätsel der Mimikry und seine Lösung. eine kritische Darstellung des Werdens, des Wesens und der Wiederlegung der Tiertrachthypotesen. Jena 1954.

Jacobi, Arnold: Mimikry und verwandte Erscheinungen. Braunschweig 1913

Lötters, Stefan; Vences, Miguel: Mimikry und Mimese. In: Hofrichter, Robert: Amphibien. Augsburg 1998. S. 181-185.

Lunau, Klaus: Warnen, Tranen, Täuschen. Mimikry und Nachahmung bei Pflanze, Tier und Mensch. Darmstadt 2011.

Osche, Günther: Optische Signale in der Coevolution von Pflanze und Tier. In Berichte der Deutschen Botanischen Gesellschaft. [Vol.96(1) 1983] S.1-27

Podberger, Nadja; Lohmann, Dieter: Im Fokus: Strategien der Evolution. Geniale Anpassungen und folgenreiche Fehltritte. Berlin 2013.

Vogel, Stefan: Betrug bei Pflanzen: Die Täuschblumen. Stuttgard 1993.

Wickler, Wolfgang:Mimikry. Nachahmung und Täuschung in der Natur. München 1968.

Winhard, Walter: Konvergente Farbmusterentwicklungen bei Tagfaltern. Freilanduntersuchungen in Asien, Afrika und Südamerika. München 1996.

Zabka, Helge: Tarnung und Täuschung. Hannover 1990.

5.2 Internet Quellen

http://www.scinexx.de/dossier-detail-189-6.html (09.08.2017)

http://www.naturdetektive.de/natdet_tarnung_mimikry.html (09.08.17)

http://www.tiere-online.de/fische/fischarten/fische-in-der-freien-natur/ salzwasserfische/steinbutt/ (29.10.17)

http://www.spiegel.de/wissenschaft/natur/koordination-durch-signale-fledermaeuse-jagen-in-der-gruppe-a-623012.html (29.10.2017)

5.3 Abbildungsverzeichnis

Abbildung 1: Sandilya Theuerkauf, Wynaa; Phyllium bioculatum
https://de.wikipedia.org/wiki/Gespenstschrecken#/media/File:LeafInsect.jpg

Abbildung 2: SuperFantastic/flickr; Lebende Steine
http://www.geo.de/natur/naturwunder-erde/11106-bstr-zehn-skurrile-pflanzen-zum-
staunen/152260-img-als-felsen-getarnt

Abbildung 3: Henry Walter Bates, Heliconidae/ Pieridae
https://upload.wikimedia.org/wikipedia/commons/9/95/Batesplate_ArM.jpg

Abbildung 4: Ondreicka1010, Korallenschlange
https://de.depositphotos.com/116656940/stock-photo-eastern-coral-snake.html

Abbildung 5: ORF on Science, Oktopus in verschiedenen Verwandlungen
http://sciencev1.orf.at/static2.orf.at/science/storyimg/storypart_36627.jpg